小山的中国地理探险日志

蔡峰——编绘

栗河冰——主审

宝藏城市

下卷

电子工业出版社·

Publishing House of Electronics Industry

北京·BEIJING

图书在版编目（CIP）数据

小山的中国地理探险日志.宝藏城市.下卷 / 蔡峰编绘. —— 北京：电子工业出版社，2021.8
ISBN 978-7-121-41503-6

Ⅰ.①小… Ⅱ.①蔡… Ⅲ.①自然地理 – 中国 – 青少年读物 Ⅳ.①P942-49

中国版本图书馆CIP数据核字（2021）第131658号

责任编辑：季　萌
印　　刷：天津市银博印刷集团有限公司
装　　订：天津市银博印刷集团有限公司
出版发行：电子工业出版社
　　　　　北京市海淀区万寿路173信箱　邮编：100036
开　　本：889×1194　1/16　印张：36.25　字数：371.7千字
版　　次：2021年8月第1版
印　　次：2024年11月第8次印刷
定　　价：260.00元（全12册）

凡所购买电子工业出版社图书有缺损问题，请向购买书店调换。若书店售缺，请与本社发行部联系，联系及邮购电话：（010）88254888，88258888。
质量投诉请发邮件至zlts@phei.com.cn，盗版侵权举报请发邮件至dbqq@phei.com.cn。
本书咨询联系方式：（010）88254161转1860，jimeng@phei.com.cn。

宝藏城市

目前中国有34个省级行政区，包括23个省、5个自治区、4个直辖市、2个特别行政区。中国五千年的历史孕育出了一些因深厚的文化底蕴和发生过重大历史事件而青史留名的城市。这些城市，有的曾是王朝都城；有的曾是当时的政治、经济重镇；有的曾是重大历史事件的发生地；有的因为拥有珍贵的文物遗迹而享有盛名；有的则因为出产精美的工艺品而著称于世。它们的留存，为人们回顾中国历史打开了一个窗口。在本卷中，小山先生将走访中国的10个宝藏城市。

你准备好了吗？现在就跟小山先生一起出发吧！

目 录

少林寺，位于河南省**郑州**市下辖的登封市嵩山五乳峰脚下，因其坐落于嵩山腹地少室山的茂密丛林之中，故名"少林寺"。少林寺始建于北魏太和十九年（495 年），距今已有 1500 余年，是汉传佛教的禅宗祖庭，号称"天下第一名刹"。

"天下功夫出少林，少林功夫甲天下。"少林寺因其历代武僧潜心研创和不断发展的少林功夫而名扬天下。少林寺在文化意义上早已超脱佛寺建筑艺术本身，以少林功夫为代表，涵盖禅、武、艺、医的少林文化是华夏文明的杰出代表和瑰宝。

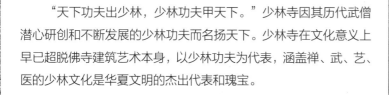

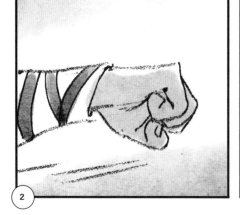

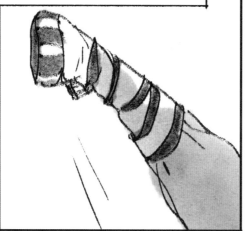

快如疾风，稳如钟！

作为中华文化的一个鲜明符号，少林寺在中国对外交流中占据重要地位。少林文化远播四海、广植福田，少林弟子遍布五洲，少林寺以其独特的价值与魅力吸引着海内外大批民众及名流、政要、高僧、佛友等各阶层人士前来观光、拜访、朝圣、交流。

天地之中的绿城商都
——郑州

郑州是河南省的省会，位于河南省中部偏北、黄河下游，是华夏文明和中原文化的重要发祥地之一。2010年，登封"天地之中"历史建筑群被列入《世界遗产名录》。

灿烂的殷商文化

郑州是中国八大古都区之一。商朝开国君王成汤在郑州夯土筑城，营建亳都，孕育出了灿烂的殷商文化。作为轩辕黄帝故里的新郑市在春秋时期的历史典籍中便有"三月三，拜轩辕，登茨山"的记载。

人才辈出

从郑州商城遗址算起，郑州已有3600多年的城建史。悠久的历史积淀了灿烂的文明，造就了一代又一代杰出人物，如子产、列子、韩非、杜甫、白居易、李商隐、许衡等。

中华文明轴心区

从五帝到前商，郑州因是五帝时期及夏、商的腹地而成为中华文明轴心区。1964年，郑州市大河村遗址被发现。其位于郑州市东北郊，面积40万平方米，是一处包含仰韶、龙山和夏、商四种不同时期考古学文化的大型古代聚落遗址。发掘表明，先民们曾在此延续居住长达3300多年，经历了原始社会母系氏族的繁荣阶段、父系氏族阶段和奴隶社会的夏、商时期。大河村遗址是郑州地区原始社会向奴隶社会发展的历史缩影。

仰韶文化彩陶

天地之中

郑州地处中华腹地，史称"天地之中"。郑州北临黄河，西依嵩山，东南为广阔的黄淮平原，东面是开封市，西面为古都洛阳市，南面是许昌市，北面为焦作市和新乡市。

黄土丘陵

郑州的地形地貌

郑州市位于秦岭东段余脉，横跨中国第二级和第三级地貌台阶，西南部嵩山属第二级地貌台阶前缘，东部平原为第三级地貌台阶的组成部分。嵩山系秦岭支脉外方山的东延部分，西起洛阳龙门东侧，然后向东北一直延伸到新密市以北。邙山位于郑州市西北隅，地貌主要为黄土台地和黄土丘陵，由于黄河的侧蚀和众多沟谷侵蚀作用，使得黄土丘陵形态显得异常陡峻。

丰富的物产

郑州自然资源丰富，已探明矿藏36种，主要有煤、铝矾土、水泥用灰岩、油石、硫铁矿和石英砂等。郑州盛产小麦、玉米、大豆、水稻、花生、棉花等粮食作物，苹果、梨、红枣、柿饼、葡萄、西瓜、大蒜、金银花等经济林果，黄河鲤鱼等农副土特产品。

大头和尚

郑州的民俗

郑州民间流行狮子舞、麒麟舞、龙灯舞、大头和尚、竹马舞、棒棒鞭、挑花篮等各类民间舞蹈。其中，大头和尚是一种幽默风趣的舞蹈项目。表演者头戴和尚笑脸面具，女主角上场表演小跑步、拾金钱等动作，和尚和女主角再通过捅耳、敲头等动作，展开戏闹场面。

郑州的水资源

郑州境内有大小河流124条，流域面积较大的河流有29条，分属黄河和淮河两大水系。郑州市境内的伊洛河、汜水河和枯河是黄河的支流。伊洛河由洛河和伊河交汇后形成，总长447千米。汜水河分为两支，上游东支建有仙鹤湖水库，西支建有峡峪水库。枯河古称"旃然河"，全长40.6千米，上游建有唐岗水库。

由洛河和伊河交汇形成的伊洛河

郑州的气候

郑州属温带大陆性季风气候，冷暖适中，四季分明。春季干旱少雨，夏季炎热多雨，秋季晴朗日照长，冬季温暖少雨。郑州市的冬季最长，夏季次之，春季较短。

龙门石窟位于河南省**洛阳**市南郊伊河两岸的龙门山和香山峭壁上，是世界上造像最多、规模最大的石刻艺术宝库，被联合国科教文组织评为"中国石刻艺术的最高峰"，位居中国各大石窟之首。其石窟始凿于北魏孝文帝年间，盛于唐，终于清末，历经 10 多个朝代，陆续营造长达 1400 余年，是世界上营造时间最长的石窟。与敦煌莫高窟、大同云冈石窟并称为中国三大石窟。

龙门石窟的规模相当宏大，窟内造像雕刻精湛，内容题材丰富，从不同侧面反映了中国古代政治、经济、宗教、文化等领域的发展变化。

千年帝都，牡丹花城
——洛阳

洛阳位于河南省西部，是国务院首批公布的历史文化名城和著名古都，是华夏文明的重要发祥地，是我国建都最早、历时最长、朝代最多的都城，历史上先后有13个王朝在此建都。

千年帝都

夏、商、周时期的先民主要生活在以洛阳为中心的河洛地区，这里气候温和，四季分明，水源充足。东汉、西晋、北魏等朝代也都在洛阳建都，使洛阳成为千年帝都。

名满天下的洛阳牡丹

武则天以周代唐后建都洛阳，传说她非常喜欢牡丹，洛阳城牡丹花的兴盛也与她有关。牡丹雍容华贵，国色天香，春暖花开时节赏牡丹成为洛阳人的习俗。诗人刘禹锡有诗赞曰："唯有牡丹真国色，花开时节动京城。"1982年，洛阳市将牡丹花定为洛阳市花。

洛阳地处洛水之北，水之北乃谓"阳"，故名洛阳，在不同朝代被官方称为中国、西亳、洛邑、成周、王城、京师、京都、雒阳、东京、京洛、洛城、河南、中京等。因境内有伊、洛两水，也称伊洛。

黄河

洛阳地处中原，山川纵横，雄踞天下，八关环绕，西依崤山，由函谷关通关陇，东临嵩岳，北靠太行与黄河之险，南望伏牛、熊耳，有"河山拱戴，形势甲于天下"之说。

以其四面环山、八关都邑的地理优势，洛阳成为历代帝王青睐之所；也因其承东启西、连接南北的居中位置，成为古往今来的水陆交通要地。

华夏、中华、中土、中国、中原、中州等称谓均源自古老的洛阳城和河洛文明。元代以前，洛阳长期被认为是中国的天然法定都城，大一统的王朝多以洛阳为首都或陪都，割据政权也均以进入洛阳作为逐鹿的目标和自身正统性的象征。

洛阳有五大都城遗址、名刹白马寺、名人故居和邙山古墓葬群等众多文物遗址。

洛阳的地理和气候

洛阳地处九州腹地，位于中国第二阶梯与第三阶梯交界带，欧亚大陆桥东段，横跨黄河中游南北两岸，地势西高东低，境内山川丘陵交错，地形复杂多样。四面环山，有郁山、邙（máng）山、青要山、荆紫山、周山、樱山、龙门山、香山、万安山、首阳山、嵩山等多座山峰。境内河渠密布，分属黄河、淮河、长江三大水系。

气候方面，洛阳位于暖温带南缘向北亚热带过渡地带，光照充足，属大陆性季风气候。这里四季分明，春季干旱多风，夏季炎热多雨，秋季温和晴朗，冬季寒冷干燥。

春　夏　秋　冬

《黄鹤楼送孟浩然之广陵》
李白
故人西辞黄鹤楼，
烟花三月下扬州。
孤帆远影碧空尽，
唯见长江天际流。

黄鹤楼原址在湖北省武昌蛇山黄鹤矶头，始建于三国时代吴黄武二年（223年）。《元和郡县图志》记载：孙权始筑夏口故城，"城西临大江，江南角因矶为楼，名黄鹤楼"。

唐永泰元年（765年），黄鹤楼已具规模，然而兵火频繁，黄鹤楼屡建屡废，仅在明清两代，就被毁7次，重建和维修了10次，有"国运昌则楼运盛"之说。最后一座建于同治七年（1868年），毁于光绪十年（1884年）。现在遗址上只剩下清代黄鹤楼毁灭后遗留下来的一个黄鹤楼铜铸楼顶。1981年，黄鹤楼在距旧址约1000米处重建。

九省通衢的百湖之市
——武汉

武汉,地处江汉平原东部、长江中游,是湖北省省会,中国内陆最大的水陆空交通枢纽,长江中游航运中心,有"九省通衢"之称。武汉是楚文化的重要发祥地,也是中国民主革命的发祥地。

革命纪念地

武汉有众多革命纪念地,如辛亥革命首义军政府旧址、中共"八七会议"旧址和辛亥革命武昌起义纪念馆等。

名胜古迹众多

黄鹤楼与湖南岳阳楼、江西滕王阁并称"江南三大名楼"。"楚天第一楼"晴川阁背依龟山,被誉为"千古巨观"。古琴台位于汉阳龟山西边的月湖旁,相传为古代俞伯牙与钟子期结为知音之处。湖北省博物馆内收藏历史文物达20余万件,其中有曾侯乙编钟、越王勾践剑、吴王夫差矛等稀有珍品。

武汉的历史传说

　　武汉历史悠久，早在新石器时代早、中期，先民们就在这里繁衍生息。1955—1957年，在湖北省京山市屈家岭发现了新石器时代大型聚落遗址，距今5300～4500年，是长江中游史前稻作遗存的首次发现地。大禹治水，疏浚九洲，惠及华夏子孙。武汉还有许多大禹治水的传说与遗存，《尚书·禹贡》等古文献记载，大禹疏江导汉。汉阳有禹功矶、禹稷行宫等。

翩翩起舞的彩蝶

　　武汉位于江汉平原上，地形以平原为主，中部散列东西向残丘，土壤肥沃，地形平坦。在平面直角坐标上，武汉市东西最大横距134千米，南北最大纵距约155千米，形如一只自西向东翩翩起舞的彩蝶。

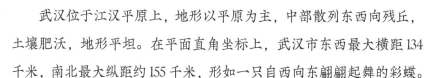

百湖之市

　　武汉市内拥有上百个湖泊，是中国自然湖泊最多的城市，淡水资源极其丰富，其中知名湖泊有东湖、汤逊湖、梁子湖、南湖等。东湖生态旅游风景区是国家重点风景名胜区，烟波浩淼，风光秀美。

🐾 武汉三镇

武汉市江河纵横，河港沟渠交织，湖泊库塘星布，长江及其最长支流汉江横贯市区，将武汉分为武昌、汉口、汉阳三个鼎足而立的部分，三地均发展成为军事重镇，故称"武汉三镇"。晚清名将曾国藩认为："论天下之大局，则武昌为必争之地，何也？能保武昌，则能扼金陵之上游，能固荆、襄之门户，能通两厂、四川之饷道。"

🐾 武汉的气候特点

武汉属亚热带季风性湿润气候区，四季分明，常年雨量丰沛，具有日照充足、雨热同季、光热同季等特点。夏高温、降水集中，冬季稍凉湿润。降雨集中在每年6月~8月，约占全年降雨量的40%左右。

🐾 九省通衢

武汉是中国内陆最大的水陆空交通枢纽，地处长江黄金水道与京广大铁路动脉的十字交汇点，距离北京、上海、广州、成都、西安等大城市都在1000千米左右，是中国经济地理的"心脏"，具有承东启西、沟通南北、维系四方的作用。

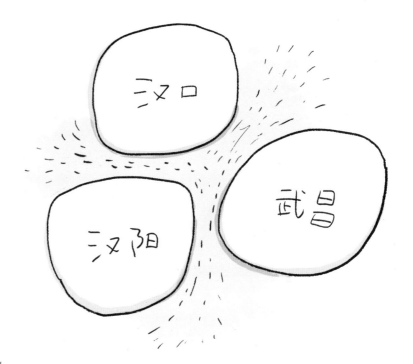

黄兴（1874年10月25日—1916年10月31日），原名轸，改名兴，字克强，一字廑午，号庆午、竞武。革命时期化名李有庆、张愚诚、张守正、冈本义一、今村长藏等。革命时断两指，人称"八指将军"。

他是著名的民主革命家、中华民国的创建者之一。辛亥革命时期，与孙中山常被时人以"孙黄"并称。

黄兴故居坐落在今湖南省长沙县黄兴镇凉塘，始建于清朝同治时期，是一座泥砖青瓦平房的民居。

人杰地灵的山水洲城
——长沙

长沙，地处中国华中地区、湖南东部偏北，是湖南省省会，长江中游地区重要的中心城市、重要的粮食生产基地，也是综合交通枢纽、国家物流枢纽，京广高铁、沪昆高铁、渝厦高铁在此交会。

楚汉名城

长沙在春秋战国时期始建城，楚成王时设置黔中郡，长沙为其辖域。秦始皇统一中国，长沙郡为秦三十六郡之一，这是长沙以行政区划名称载入史册的开始。长沙是首批国家历史文化名城，有"屈贾之乡""楚汉名城""潇湘洙泗"之称。有马王堆汉墓、四羊方尊、三国吴简、岳麓书院、铜官窑等历史遗迹。长沙既是清末维新运动和旧民主主义革命策源地之一，又是新民主主义的发祥地之一，走出了黄兴、蔡锷、刘少奇等名人。青年时代的毛泽东曾在长沙求学，开始接受并传播马克思主义，从事早期革命活动。

🐾 古时长沙

距今 20 余万年前的旧石器时代，长沙地区已有人类活动。约公元前 5000 年，长沙地区的人类已开始过定居生活，进入母系社会；约公元前 2500 年，长沙地区已进入原始农业社会，有石家河文化和龙山文化等遗存。

🐾 长沙的地理位置和地貌特征

长沙位于长江以南地区，湖南省的东部偏北，地处洞庭湖平原的南端向湘中丘陵盆地过渡地带。长沙南依株洲、湘潭，北邻岳阳、西接益阳、娄底，东和江西萍乡接壤。地域呈东西向长条形状。地势起伏较大，地貌类型多样。

🐾 长沙水土

长沙东有连云山、大围山、九岭山等呈东北—西南走向作雁行状排列，海拔 800 米以上的山峰有 50 多座，浏阳大围山七星岭海拔 1607.9 米，为辖区最高点；长沙西有海拔 800 米以上的山峰 13 座，乔口镇湛湖海拔 23.5 米，为辖区最低点，最高点与最低点相差 1584.4 米。长江一级支流湘江为长沙最重要的河流，由南向北贯穿全境，把城市分为河东和河西两大部分，形成"一江两岸，西文东市"的格局。海拔 300.08 米的岳麓山伫立于湘江西岸，长 5 千米的冲击沙洲橘子洲卧于江心，一起构成了长沙"山水洲城"的地貌特色。

长沙的水资源

长沙水系完整，河网密布，水量较多，冬不结冰，含沙量少。水资源以地表水为主，水源充足，最大的水库为宁乡市境内的黄材水库和浏阳市境内的朱树桥水库。河流大都属湘江水系，主要有浏阳河、捞刀河、靳江和沩水河。长江的地下水系十分发达。城内有许多古井，见证了城市的历史。

江南"四大火炉"之一

长沙属亚热带季风气候区，四季分明，降水充沛。春秋短促，冬夏绵长。长沙距海远，又位于冲积盆地，边缘地势高峻，向北倾斜，冷空气可深入南下堆积，冬季比同纬度地区稍冷，而夏季比同纬度地区热，是江南"四大火炉"之一。

中华民国陆军军官学校，于1924年6月16日由孙中山在中国共产党和苏联顾问的帮助下创办。因其校址位于广东**广州**黄埔长洲岛，故世人也称其为"黄埔军校"。

黄埔军校的校训"亲爱精诚"，由首任校长蒋介石拟定，并由孙中山在1924年6月16日第一期学生开学典礼时核定宣布。

亲爱精诚

孙中山核定"亲爱精诚"为校训，是希望由黄埔军校培训中国革命军事人才，共同团结为革命的写照。蒋介石在1925年元旦对官校学生的训话中阐释道，"亲爱"是要所有的革命同志能"相亲相爱"，军校的宗旨"精"是"精益求精"，"诚"是"诚心诚意"。其目的乃在造就顶天立地、继往开来、堂堂正正的革命军人，发扬黄埔精神。

陆军军官学校

黄埔军校为中国革命培养了大批军事政治人才。广大黄埔师生在反帝反封建、争取国家统一与民族独立的斗争中立下了赫赫战功，为中国革命做出了重大贡献。中华人民共和国十大元帅中，有五位出自黄埔军校。

四季花开的繁荣羊城
——广州

广州，别称羊城、花城，是广东省省会，广东省政治、经济、科技、教育和文化的中心，国际商贸中心和综合交通枢纽。珠江口岛屿众多，水道密布，有虎门、蕉门、洪奇门等水道出海，使广州成为中国远洋航运的优良海港和珠江流域的进出口岸。广州是多条铁路的交会点和华南民用航空交通中心，有中国"南大门"之称。

世界著名的东方港市

广州是首批国家历史文化名城、广府文化的发祥地，从秦朝开始一直是郡治、州治、府治的所在地，华南地区的政治、军事、经济、文化和科教中心。从公元3世纪起成为海上丝绸之路的主港，唐宋时成为中国第一大港，是世界著名的东方港市，明清时是中国唯一的对外贸易大港，也是世界唯一2000多年长盛不衰的大港。广州的市花是木棉花，市鸟是画眉。

公师隅

早在 4000 年前的新石器时代，广州一带就有"百越人"活动。春秋战国时期，今两广和越南北部地区泛称为岭南，当时居住在这里的民族称为南越（又称南粤）。春秋末期，越国为楚国所灭，宰相公师隅带领越国臣民南迁至广东，建城南武，即今广州。

🗿 **五羊传说**

相传有五位仙人穿着五色衣裳骑着五色羊，手执"一茎六出"的谷穗来到广州城，将谷穗交给城中居民后飞升而去，而五羊则化为石，所以广州有羊城、穗城的别名。由于广州地处亚热带，气候温暖，适宜花卉种植，加之广州人爱种花、买花、赠花，年年花市兴旺，广州也享有"花城"的美誉。

🗿 **珍贵的宗教建筑**

广州保留着许多珍贵的宗教建筑，大部分密集分布在旧城区内。其中最有代表性的为石室圣心大教堂，1863 年兴建，1888 年落成，是全球四座全石构的哥特式教堂之一。

五羊城标志雕塑

广州的地理位置和地貌特征

广州属于丘陵地带，地势东北高、西南低，背山面海。地形复杂，有中低山地、丘陵地、岗台地、冲积平原和滩涂五种土地类型。北部是森林集中的丘陵山区；东北部为中低山地，市区有被誉为"市肺"的白云山；中部是丘陵盆地；南部为沿海冲积平原，为珠江三角洲的组成部分。广州东连惠州市博罗、龙门两县，西邻佛山市的三水、南海和顺德区，北靠清远市的市区和佛冈县及韶关市的新丰县，南接东莞市和中山市，与香港、澳门特别行政区隔海相望。

发达的水系

广州境内河流水系发达，水域面积广阔。全市河流属珠江水系，包括珠江三角洲和北江两个二级水系。

丰富的矿藏

广州市有较好的成矿条件，主要矿产有建筑用花岗岩、水泥用灰岩、陶瓷土、钾、钠长石、盐矿、芒硝、萤石、大理岩、矿泉水和热矿水等。

广州的气候

广州地处亚热带沿海，北回归线从其北部穿过，属亚热带海洋性季风气候，温暖多雨，光热充足，夏季长、霜期短。全年水热同期，雨量充沛，利于植物生长。

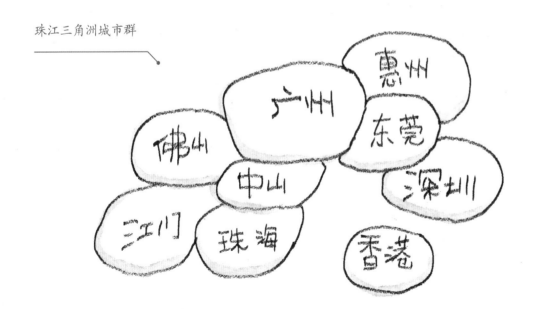

珠江三角洲城市群

世外桃源的最佳写照

——桂林

桂林，地处广西壮族自治区，拥有漓江、湘江两大境内河流，中间有灵渠古运河相连，桂林是中国首批国家历史文化名城，享有"桂林山水甲天下"之美誉。

桂林的地貌和气候特征

桂林属中亚热带季风气候，年平均气温18.8℃左右。桂林市区坐落在湘桂走廊中的一个相对较大的平原里，南部有破碎的丘陵平原，西部、北部和东部是大面积的山地。其中，猫儿山海拔2142米，称"华南第一峰"。

桂林的历史沿革

"桂林"之名，因当地盛产玉桂而来。秦始皇开凿灵渠沟通湘、漓二水后，桂林便成为"南连海域，北达中原"的重镇。清代时，桂林是广西全省的政治、文化中心。1949年11月22日，桂林解放，为广西省辖市。1958年改称广西壮族自治区桂林市。

桂林山水甲天下

传说，桂林山水是由嫦娥亲手创造的。桂林的山奇峰罗列，形态万千，著名的有象鼻山、伏波山、叠彩山、等。桂林的山，"山山有洞，无洞不奇"。洞内迂回曲折，或有暗河沟通。长年的水流冲刷，使溶洞中形成了许多碳酸盐结晶，千姿百态，精巧别致。被称为"大自然艺术之宫"的芦笛岩，更是集天地造化之大成。洞中的石钟乳、石笋、石幔、石柱，玲珑剔透，美不胜收。

著名的摩崖石刻

桂林石刻始于东晋，兴于唐，盛于宋、明、清，是全国摩崖石刻最多的地方。其中南宋的《靖江府城池图》，是中国现存最古老的古代石刻地图之一。

桂林的两江四湖

桂林的"两江四湖"分别是漓江、桃花江、榕湖、杉湖、桂湖和木龙湖。桂林的水清澈透明，绿如翡翠。唐朝诗人韩愈的"江作青罗带，山如碧玉簪"，写尽了桂林山水之美。

象鼻山

桂林石刻

桂林的地貌特征

桂林的山主要由石炭岩构成，属典型的喀斯特地形（karst topography）。喀斯特地形，又称溶蚀地形、石灰岩地形，是具有溶蚀力的水对可溶性岩石进行溶蚀等作用所形成的地表和地下形态的总称，又称岩溶地貌。水对可溶性岩石所进行的作用，统称为喀斯特作用。当雨水或地下水与地面碳酸盐类岩石接触时，就会有少量碳酸盐溶于水中。经过长时期的溶解侵蚀，形成了以地表岩层千沟万壑为标志的地表特征。

喀斯特地貌

溶蚀洼地

峰林

喀斯特盆地

钟乳石

落水洞

地下河

石笋

朝辞白帝彩云间，
千里江陵一日还。
两岸猿声啼不住，
轻舟已过万重山。
——李白《早发白帝城》

白帝城位于**重庆**市奉节县瞿塘峡口的长江北岸，一面靠山，三面环水，背倚高峡，面对瞿塘峡口，气势十分雄伟壮观。

白帝城原名子阳城。西汉末年，公孙述（字子阳）割据蜀地，在此筑城屯兵，因见此地一口井中常有白色烟雾升腾，形似白龙，故自称白帝，并将子阳城名改为白帝城。

从山脚经过高而陡峭的石阶，到达白帝城入口，大门匾额上有郭沫若书写的"白帝城"三个大字。

白帝城是观赏"夔（kuí）门天下雄"的最佳地点。历代著名诗人李白、杜甫、白居易、刘禹锡、苏轼、黄庭坚、范成大、陆游等都曾登白帝，游夔门，留下大量诗篇。

长江上游的活力山城
——重庆

重庆，别称山城，是中国中西部地区唯一的直辖市，是长江上游地区经济、金融、科创、航运和商贸物流中心，西南地区最大的工商业城市，国家重要的现代制造业基地，西南地区综合交通枢纽。重庆旅游资源丰富，有长江三峡、大足石刻、武隆喀斯特和南川金佛山等壮丽景观。

巴渝文化的发祥地

重庆是著名历史文化名城，有文字记载的历史达 3000 多年。因嘉陵江古称"渝水"，故重庆又简称"渝"。北宋崇宁元年（1102 年），改渝州为恭州。南宋淳熙十六年（1189 年），宋光宗赵惇先封恭王再即帝位，称为"双重喜庆"，遂升恭州为重庆府，重庆由此而得名。1891 年，重庆成为中国最早对外开埠的内陆通商口岸。抗日战争时期，重庆是国民政府战时首都和世界反法西斯战争远东指挥中心。

广阔的直辖市

重庆市总面积82403平方千米，约是中国其他三个直辖市（北京、天津、上海）总面积的2.4倍。

用热血和汗水凝铸成的生命之歌

长江从重庆主城区到巫山这一段，崎岖艰难，水流湍急，礁石密布。古时江上船只多靠人力推挠或拉纤航行，拉动船只前进的工人被称为纤夫。纤夫少则十几人，多则数百人，需要用口号来统一指挥，这样的口号既是指挥劳动的号令，也是纤夫描绘生活的载体，久而久之形成了一种民间歌唱形式，被称为"川江号子"。

纤夫

山城重庆

重庆主城区处于长江和嘉陵江交汇的河谷中。重庆的地貌以丘陵、山地为主，南北向长江河谷逐级降低，坡地面积较大，有"山城"之称。

吊脚楼

独特的吊脚楼

重庆城依山而建，两江环抱，缺乏平地，所以绝大多数的建筑都需沿着山坡依次建造。传统的重庆沿江民居，是由几根木料撑着的一间木楼，即吊脚楼。吊脚楼是重庆独有的传统民居形式，最早可追溯到东汉以前。

🐾 中国桥都

由于重庆地势多水，因此桥梁的数量与密度远远高于其他城市。重庆的第一座跨长江的大桥是1964年修建的小南海长江大桥，而第一座跨长江公路桥则是1977年动工，1980年完工的石板坡长江大桥。

🐾 特殊的交通工具

重庆是全世界范围内为数不多的将索道作为公共交通工具的城市，亦是世界上少有的将远程电梯作为公共交通工具的城市。

石板坡长江大桥

🐾 巴山夜雨

重庆市属亚热带季风性湿润气候，年平均降水量较丰富，多暴雨，降水多集中在5－9月，占全年总降水量的70%左右，有"巴山夜雨"之说。主要气候特点是冬暖春早，夏热秋凉，四季分明，降水丰沛。在地形和气候双重作用下，重庆多雾，素有"雾都"之称。

🐾 独特的"盖"

重庆境内自西向东分布着一条条近似平行的山脉，形成了最具重庆特色的地理景观。重庆还有一种山，叫作"盖"，是一种地形倒置现象，多呈台状、桌状，山顶往往有较大面积的开阔区域，如酉阳的毛坝盖、矿铅盖，秀山的平阳盖、川河盖等。

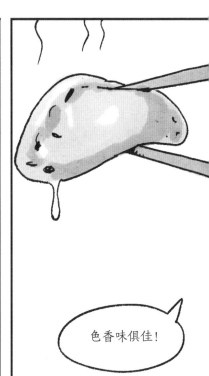

天府之国，美食之都

——成都

成都是四川省省会，亦是国家历史文化名城，古蜀文明发祥地。因地处四川盆地西部、成都平原腹地，境内地势平坦，河网纵横，物产丰富，农业发达，享有"天府之国"的美誉。成都自古为西南重镇，蜀汉、成汉、前蜀、后蜀等政权先后在此建都。宋、元以后，成都为四川乃至整个西南地区的政治、经济、军事、文化中心，文化遗存丰富，有都江堰、武侯祠、杜甫草堂、金沙遗址等名胜古迹。

别具一格的川菜

成都是川菜的发源地和发展中心。川菜菜式多样，口味清鲜醇浓并重，以善用麻辣著称，并以其特别的烹调方法和浓郁的地方风味，成为中国八大菜系之一。2010 年，联合国教科文组织授予成都"世界美食之都"称号。

四川盆地

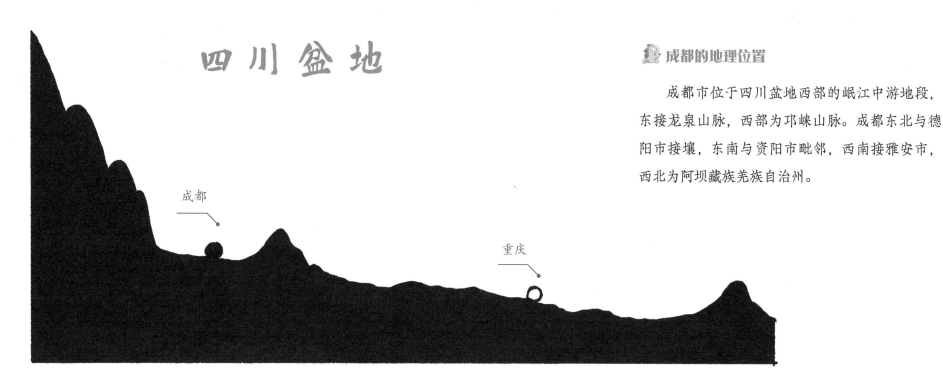

成都

重庆

成都的地理位置

成都市位于四川盆地西部的岷江中游地段，东接龙泉山脉，西部为邛崃山脉。成都东北与德阳市接壤，东南与资阳市毗邻，西南接雅安市，西北为阿坝藏族羌族自治州。

重要的粮食产区

成都境内的地形较为复杂，地势由西北向东南倾斜。东部为龙泉山脉和盆中丘陵，龙泉山脉为成都平原和盆中丘陵的分界线，龙泉山脉以东，浅丘连绵起伏。中部为成都平原，介于龙泉山脉与邛崃山脉之间，是由岷江、沱江及其支流冲积而成的冲积扇平原。得益于都江堰水利工程，成都平原河网密布，土地肥沃，是中国最重要的粮食产区之一。

龙泉山 海拔 1046 米

成都市区 海拔 508 米

成都的地震带

成都位于南北地震带中段，境内主要分布有龙门山断裂带、龙泉山断裂带、蒲江—新津—成都—德阳断裂带和邛崃—大邑—郫县竹瓦—彭州断裂带，其中蒲江—新津—成都—德阳断裂带通过主城区，因此被国务院确定为国家级地震重点监视防御区和防御城市。据多年资料统计，成都市区境内地震频发，也有破坏性级别的地震。1970 年 2 月 24 日成都市大邑县发生的 6.2 级地震为成都历史上最大级别地震，2020 年 2 月 3 日发生于成都市青白江区的 5.1 级地震为离市区最近的地震。同时，邻区的一些强震也曾波及成都地区，并造成一定影响，如 2008 年汶川大地震震中离成都市区不到 100 千米。

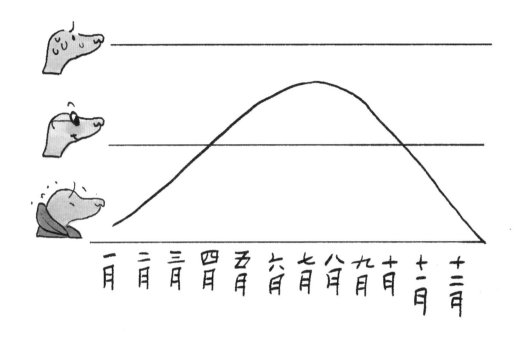

成都的气候

成都属亚热带湿润季风气候，亦有海洋性气候的部分特征，气候宜人，有夜雨日阳、夏凉冬暖春秋长的特征。成都降水充沛、空气湿润，阳光较充足。由于四川盆地北部的秦岭、大巴山起到了屏障作用，冬季来自北方的冷空气不易进入盆地，所以成都的冬季较为温暖，一月平均气温在 5℃以上，霜雪较为少见。

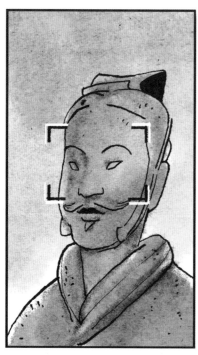

1974 年，秦始皇陵的兵马俑陪葬坑在**西安**被意外发现。后经考古队挖掘和勘探，呈现出了中国第一个规模宏大、布局讲究且保存完好的帝王陵寝……

据考证，兵马俑坑位于秦始皇陵封土以东 1.5 千米处，是秦始皇陵的重要组成部分之一。

1987 年，秦始皇陵及兵马俑坑被联合国教科文组织列入《世界遗产名录》，被誉为"世界第八大奇迹"。

金城干里，世界名城
——西安

西安，陕西省省会，古称长安，地处关中平原，北临渭河，南依秦岭，是中国四大古都之一，亦是丝绸之路的起点城市。

历史文化名城

西安是中国历史上建都朝代最多、时间最长、影响力最大的都城之一，历史上先后有十多个王朝在此建都。西安主城区至今仍保留有完整的明代城墙及城门、角楼、箭楼等建筑设施。西安有六处遗存被列入《世界遗产名录》：秦始皇陵及兵马俑、大雁塔、小雁塔、唐长安城大明宫遗址、汉长安城未央宫遗址、兴教寺塔。

丝路上的重要城市

早在 100 万年前，蓝田古人类就在这里建造了聚落。公元前 202 年，刘邦建立西汉王朝，在此修建新城，定名"长安"，意即"长治久安"。丝绸之路开通后，长安成为东方文明的中心。

早在 7000 年前的仰韶文化时期，西安就已经出现了城垣的雏形。2008 年，西安高陵杨官寨遗址出土距今 6000 余年的新石器时代晚期的城市遗迹，被选为当年中国考古发现之首，也将西安地区的城市历史推进到 6000 多年前的新石器时代晚期。

同时，这里有"千古一帝"秦始皇的陵墓，周、秦、汉、唐四大都城遗址，数十座帝王陵墓，众多古刹名塔等文化艺术遗产。

西安南屏气势磅礴的秦岭，东近险拔峻秀的华山，西临常年积雪的太白山，北连逶迤延绵的北山，四山亭亭，沃壤广野居中，宜林宜牧，宜粮宜棉，宜瓜宜果，有高山避暑，有风光览胜，故古有"膏腴天府""陆海丰饶"之称。

西安的平原地区属暖温带半湿润大陆性季风气候，四季分明但时长不均，冬夏季节长于春秋。全年雨量适中，集中于夏秋，雨热大体同期，农作物较易生长，湿度冬低夏高。

西安地势东南高、西北低，四周多"原"。西安处于山脚之下，河流侧畔以"原"相称的连绵不断的地形各有特点，多呈地势高且开阔之貌，城郊以龙首原、白鹿原、少陵原、神禾原、细柳原、乐游原最为有名。这里自古有"八水绕长安"的说法——东部有灞河、浐河，西部有涝河、沣河，南部有潏河、滈河，北部有泾河和渭河，均属黄河流域的渭河水系。

大佛寺石窟，位于陕西省咸阳市彬州市西部的大佛寺内。

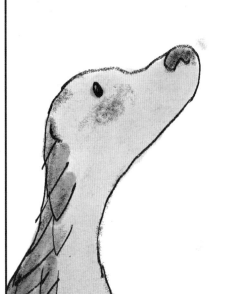

汉唐时期，"丝绸之路"必经此地，故而它是丝绸之路重要的地理坐标。

大佛寺曾名应福寺、庆寿寺，石窟始凿于北朝晚期，大佛洞凿于唐贞观二年（628年），宋、元、明、清有增凿。石窟凿于泾河南岸的山崖上，背山面水，坐南朝北，以大佛洞为中心，两侧有千佛洞、东石阁、罗汉洞、庆福寺、西石阁等，共有造像千余尊，碑刻题记百余处。大佛洞面宽34.5米，高31米，进深18米，洞内正中为阿弥陀佛，左右侧分立观音菩萨和大势至菩萨，其中阿弥陀佛为陕西第一大佛。

山水俱阳的始皇之都
——咸阳

咸阳，位于陕西省八百里秦川腹地，东邻省会西安，西北与甘肃接壤。据《元和郡县志》解释，山南曰阳，水北也称阳，而咸阳地处九嵕山之南，渭河之北，山水俱阳，故名咸阳。

🐕 秦汉文化的重要发祥地

公元前221年，秦始皇建立中国历史上第一个统一的中央集权王朝，咸阳成为中国首个封建王朝秦帝国的都城。唐代李商隐的诗句"咸阳宫阙郁嵯峨，六国楼台艳绮罗"描绘的便是秦始皇一统六国后在咸阳兴造宫室的情景。秦末项羽入关，将咸阳和附近一带地区分划为雍、翟、塞三国，是为"三秦"的由来。咸阳身处华夏历史文化长河的发端，是秦汉文化的重要发祥地，境内文物、景点数量众多。

咸阳的历史变迁

秦朝时，秦始皇仿建六国宫殿，使咸阳成为规模恢宏的帝都。西汉建立之时，咸阳先后改名为新城和渭城。在今咸阳原上，因西汉五陵置有陵邑，故有"五陵原"之称。武则天因其母杨氏的顺陵在咸阳北原，曾改咸阳县为"赤县"。五代、宋、金皆称"咸阳"。元朝初时，一度将咸阳并入兴平，不久又恢复咸阳县制。明洪武年间，将县城迁到渭水驿，即现在"秦都区"所在地。明、清均称"咸阳"，属西安府管辖。

秦始皇

咸阳的地理位置和地貌特征

咸阳地处关中盆地中部，地势北高南低，呈阶梯状，高差明显，界限清晰。全市最高点位于东北部的石门山峰，海拔1885.3米，最低处在东南部的三原县大程镇清河出境地，海拔362米。北部是黄土高原南缘的一部分，大体以泾河为界，西南部是黄土丘陵沟壑区，东北部是残原黄土沟壑和土石低中山，南部为渭河盆地，属关中平原的一部分，地势平坦。盆地又可分为泾渭冲积平原和黄土台原，从北向南呈阶梯状分布。

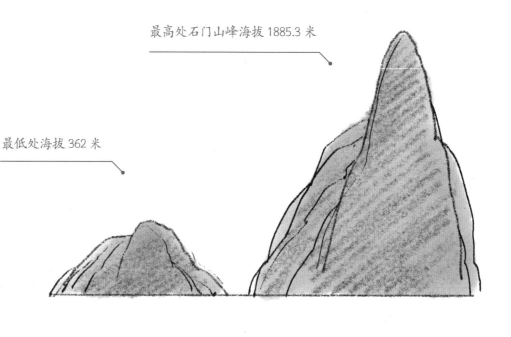

最高处石门山峰海拔1885.3米

最低处海拔362米

极为丰富的历史文化遗产

咸阳是中国历史上第一个封建帝国的首都,又是汉、唐等十余个王朝的京畿重地,是闻名世界的古丝绸之路的第一站。悠久的历史给咸阳留下了极为丰富的历史文化遗产。咸阳古墓葬分布广泛;古建筑主要有旬邑泰塔、彬县开元寺塔、泾阳崇文塔、三原城隍庙等;石刻主要有彬县大佛寺石窟等。咸阳号称周朝、秦朝、汉朝、唐朝文物宝库,拥有古邰国、秦咸阳宫、郑国渠等重要古代遗址,规模宏大的汉唐帝王陵群、千佛塔、秦汉兵马俑、汉茂陵、咸阳博物馆、汉阳陵等。

咸阳的水资源

咸阳境内的水资源主要由河川径流和地下水组成。河流水系属黄河流域渭河水系,渭河干流从南缘流过,在市境汇入的主要支流有漆水河、新河、沣河、泾河、石川河,其中泾河最大,形成了泾河、渭河两大水系。地下水资源南富北贫,由于连续干旱,地表水供给不足,地下水开采过度,致使有的河流和池塘干涸,地下水位持续下降。

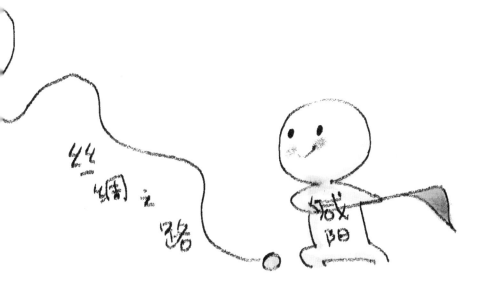

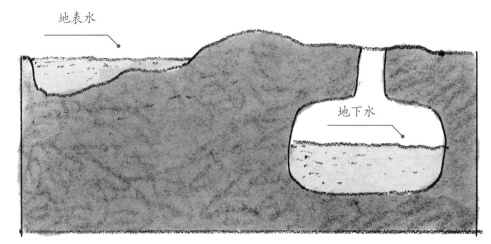

地表水

地下水

石器时代：大约始于距今二三百万年，止于距今6000至4000年左右。这一时代是人类从猿人经过漫长的历史、逐步进化为现代人的时期。

旧石器时代：以使用打制石器为标志的人类物质文化发展阶段。地质时代属于上新世晚期更新世，从距今约250万年前开始，延续到距今1万年左右止。

新石器时代：石器时代的最后一个阶段，以使用磨制石器为标志的人类物质文化发展阶段。大约从1万年前开始，结束时间从距今5000多年至2000多年不等。

大运河：大运河始建于公元前486年，包括隋唐大运河、京杭大运河和浙东大运河，全长2700千米，地跨北京、天津、河北、山东、河南、安徽、江苏、浙江8个省、直辖市，通达海河、黄河、淮河、长江、钱塘江五大水系，是中国古代南北交通的大动脉，至2020年大运河历史延续已2500余年，是世界上最长的运河，也是世界上开凿最早、规模最大的运河。

世界遗产：被联合国教科文组织和世界遗产委员会确认的人类罕见的、无法替代的财富，是全人类公认的具有突出意义和普遍价值的文物古迹及自然景观。世界遗产分为世界文化遗产、世界文化与自然双重遗产、世界自然遗产三类。截至2019年7月，中国已有55项世界文化和自然遗产列入《世界遗产名录》，和意大利并列位居世界第一。

中国历代纪元表：

夏：约前 2070—前 1600。

商：约前 1600—前 1046。

周：前 1046—前 256。分为西周、东周，东周又分为春秋、战国。

秦：前 221—前 206。前 221 年秦王嬴政统一六国，首称皇帝。

汉：前 206—公元 220。

三国：220—280。

晋：265—420。分为西晋（265—317）、东晋（317—420）。

南北朝：420—589。

隋：581—618。

唐：618—907。

五代：907—960。五代时期还存在过一些封建割据政权，历史上叫作"十国"。

宋：960—1279。分为北宋（960—1127）、南宋（1127—1279）。

元：1206—1368。蒙古孛儿只斤·铁木真于 1206 年建国。1271 年忽必烈定国号为元，1279 年灭南宋。

明：1368—1644。

清：1616—1911。清建国于 1616 年，初称后金，1636 年改国号为清，1644 年入关。